Gleichung und Tangente der Parabel bei Apollonios und Gericke

Berit Brauksiepe

Bibliografische Information der Deutschen Nationalbibliothek:

Die Deutsche Nationalbibliothek verzeichnet diese Publikation in der Deutschen Nationalbibliografie; detaillierte bibliografische Daten sind im Internet über http://dnb.d-nb.de abrufbar.

ISBN: 9783346803375
Dieses Buch ist auch als E-Book erhältlich.

Druck und Bindung: Books on Demand GmbH, Norderstedt Germany
Gedruckt auf säurefreiem Papier aus verantwortungsvollen Quellen

Das vorliegende Werk wurde sorgfältig erarbeitet. Dennoch übernehmen Autoren und Verlag für die Richtigkeit von Angaben, Hinweisen, Links und Ratschlägen sowie eventuelle Druckfehler keine Haftung.

Das Buch bei GRIN: https://www.grin.com/document/1320882

Apollonios: Gleichung und Tangente der Parabel

Inhaltsverzeichnis:

1. Einleitung

In folgender Arbeit wird die Gleichung der Parabel und ihre Tangentengleichung thematisiert. Zunächst wird näher auf die Gleichung der Parabel eingegangen. Dazu wird sowohl der Beweis des Apollonios´ als auch der Beweis von Gericke angeführt. Im Anschluss daran werden auch die Ähnlichkeiten und Zusammenhänge dieser Beweise deutlich. Um das Kapitel der Parabelgleichung abzuschießen, folgt am Ende des zweiten Kapitels der Schulbezug. Das dritte Kapitel beschäftigt sich mit der Tangentengleichung, welche ebenfalls auf Basis der Beweise bei Apollonios
und anschließend bei Gericke hergeleitet und erklärt werden. Auch hierzu folgt im Anschluss der Schulbezug und zusätzlich wird das Verfahren mit der modernen Vorgehensweise in der Schule verglichen.
Literaturangaben befinden sich am Schluss dieser Arbeit, noch vor dem Anhang. Kapitel 2.1 und 3.1 sind dem Werk *Die Kegelschnitte des Apollonios (1967)* entnommen. Kapitel 2.2 und 3.2 beziehen sich auf Gerickes *Mathematik in Antike und Orient (1992)*. Im Anhang werden einige ergänzende Kommentare und Abbildungen beifügen, auf welche im Text verwiesen wird.

2. Gleichung der Parabel

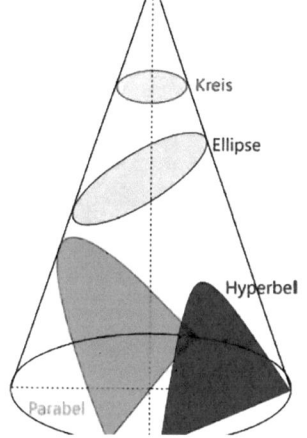

Die Parabel gehört neben dem Kreis, der Ellipse und der Hyperbel zu den Kegelschnitten (siehe Abb.1). Sie entsteht beim Schnitt eines Kreiskegels mit einer Ebene, die parallel zu einer Mantellinie und nicht durch die Kegelspitze verläuft. Besonders an der Parabel ist, dass sie lediglich einen Brennpunkt besitzt. Der Brennpunkt einer Parabel mit der Gleichung $y=ax^2$ hat die Koordinaten $(0/\frac{1}{4a})$, ihr Scheitelpunkt liegt bei (0/0). Zudem sind alle Parabeln ähnlich zueinander, was im Folgenden noch einmal aufgegriffen und deutlich gemacht wird.

Abbildung 1: Kegelschnitte[1]

Zunächst wird Apollonios´ §11 erläutert, in dem er die Gleichung der Parabel herleitet. Anschließend daran wird die Parabelgleichung anhand von Gerickes Herleitung gezeigt. Die zwei Beweise unterschieden sich kaum zueinander. Gericke verwendet im Gegensatz zu Apollonios eine modernere Schreibweise, wodurch der Beweis gerade für Schülerinnen und Schüler einfacher zu verstehen ist. Im Anschluss daran wird die Thematik dem Schulbezug zugeordnet.

---

[1] Vgl. Hermann: Kegelschnitte.

2.1. Apollonios

Konstruktion

Die Konstruktion des Kegelschnitts wird im Folgenden anhand von Apollonios Fig. 11 beschrieben. Eine detaillierte und schrittweise beschriebene Konstruktion liegt im Anhang bei.[2]

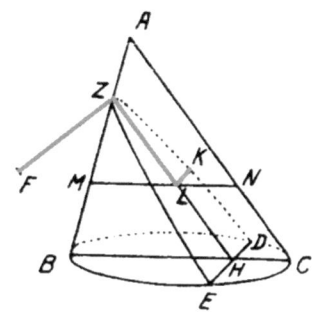

Fig. 11.

Abbildung 2 zeigt einen Kegel, mit A als Spitze. Der Grundkreis hat den Durchmesser BC und ein axialer Schnitt sei durch das ΔABC gegeben. Des Weiteren liegen die Punkte D und E, genauso wie B und C, auf dem Grundkreis und es gilt DE⊥BC.

Abbildung 2: Die Parabel als Kegelschnitt-Apollonios[3]

Die Ebene E_DZE auf der Geraden DE schneidet den Kegel und erzeugt einen Kegelschnitt. Nun wird ZH als Durchmesser des Kegelschnitts bezeichnet. Ein Durchmesser eines solchen Kegelschnitts, also einer Parabel, ist wie folgt definiert: Zeichnet man parallele Sehnen der Parabel und ermittelt deren Mittelpunkt, so liegen sie auf einer Parallelen zur y-Achse. Diese Parallele heißt Durchmesser der Parabel. Der Durchmesser ZH ist parallel zur Mantellinie, d.h. ZH∥AC. ZH wird durch folgendes Verhältnis bestimmt, welches später nochmal aufgegriffen wird:

$$\frac{BC^2}{BA * AC} = \frac{ZF}{ZA}$$

ZF ist in diesem Beweis von großer Bedeutung, denn es gibt vor, welche Parabel letztlich konstruiert wird. FZ, was später noch deutlich wird, ist ein konstanter Abstand bzw. ein Parameter. Zunächst wird das FZ gewählt, woraufhin ein passender Punkt Z auf der Geraden AB gesucht wird, sodass die oben genannte Gleichung erfüllt ist. Wichtig ist, dass FZ nicht unbedingt im Punkt Z anknüpfen muss, denn es ist ein konstanter Wert. Je nachdem, welches FZ ausgewählt wurde, entsteht ein jeweils passendes ZH. Die Abbildungen der verschiedenen Kegelschnitte mit dem jeweils gewählten FZ sind immer ähnlich, wobei sie sich in den Längenverhältnissen unterschieden. Das wiederrum zeigt die am Anfang getätigte Aussage, dass sich alle Parabeln ähnlich sind. Als nächstes wird ein K auf dem Kegelschnitt gewählt. Die Gerade KL, also die Verbindung zwischen dem Punkt K und dem Durchmesser, wird so gezogen, dass sie parallel zur Gerade DE ist, d.h. KL∥DE.

---

[2] Vgl. Konstruktion Fig.11 (§11 Apollonios), Anhang S.12.
[3] Vgl. Apollonios: Die Kegelschnitte des Apollonios, S.12.

Nun folgt die Behauptung: Das Quadrat über der Geraden KL soll das gleiche sein wie das Produkt der Konstanten FZ mit der Geraden ZL.

$$KL^2 = FZ * ZL$$

Beweis

Die Gerade MN sei parallel zur Geraden BC (MN∥BC) und verläuft durch den Punkt L. Zudem ist bereits bekannt, dass KL∥DE. Durch die Parallelität der je zwei Gerade folgt, dass die zwei Ebenen durch eben diese Punkte M, N, K und D, B, E und C ebenfalls parallel sind. Der Schnitt durch die Punkte K, M, L und N ist ein Kreis mit dem Durchmesser MN und es gilt: MN⊥KL, da DE⊥BC. Da MN Durchmesser eines Kreises ist und der Punkt K ebenfalls auf diesem Kreis liegt, gilt der Höhensatz.

Also gilt die folgende Gleichung:
$$KL^2 = LM * LN$$

Nun wird mit der bereits oben genannten Gleichung weitergerechnet:
$$\frac{BC^2}{BA * AC} = \frac{ZF}{ZA}$$

$\frac{BC^2}{BA*AC}$ lässt sich wie folgt umschreiben:
$$\frac{BC^2}{BA * AC} = \frac{BC}{BA} * \frac{BC}{AC}$$

Die Gleichung kann nun umgeschrieben werden zu:
$$\frac{ZF}{ZA} = \frac{BC}{BA} * \frac{BC}{AC}$$

Zudem gilt aufgrund von Strahlensatzfiguren folgende Gleichungen:
$$\frac{BC}{CA} = \frac{MN}{NA} = \frac{ML}{LZ} \text{ und } \frac{BC}{BA} = \frac{MN}{MA} = \frac{ML}{MZ} = \frac{NL}{ZA}$$

Deshalb kann man folgende Umstellung vornehmen:
$$\frac{ZF}{ZA} = \frac{BC}{BA} * \frac{BC}{AC} = \frac{ML}{LZ} * \frac{NL}{ZA} = \frac{ML * NL}{LZ * ZA}$$

Jedoch gilt: $\frac{ZF}{ZA} = \frac{ZF * ZL}{ZA * ZL}$, da wir $\frac{ZF}{ZA}$ mit $\frac{ZL}{ZL}$ erweitern. Es folgt:
$$\frac{ZF * ZL}{ZA * ZL} = \frac{ML * NL}{LZ * ZA}$$

Also ist: ML * NL = ZF * ZL, da die Nenner der beiden Brüche identisch sind.

Jedoch gilt nach dem Höhensatz die Gleichung: KL^2= ML * NL.

Also folgt nun: $KL^2 = ZF * ZL$

Somit ist die Behauptung bewiesen. Ein solcher Kegelschnitt wird Parabel genannt, wobei FZ dabei als Parameter bezeichnet wird.

2.2. Gericke

Konstruktion

Gerickes Abbildung ist ähnlich zu Apollonios´.

In Abbildung 3 ist ein Kegel zu erkennen, welcher durch die axiale Ebene E_{ABC} geschnitten wird. Die Ebene E_{ZED} schneidet die Grundfläche des Kegels in einer Geraden DE, welche senkrecht auf der Grundlinie BC der Ebene E_{ABC} steht. ZH sei der Durchmesser des Kegelschnitts und parallel zur Mantellinie AC; d.h. ZH∥AC.

Nun sei y^2 das Quadrat einer von einem Punkt des Kegelschnitts zum Durchmesser gezogenen Parallele der Grundlinie ED.

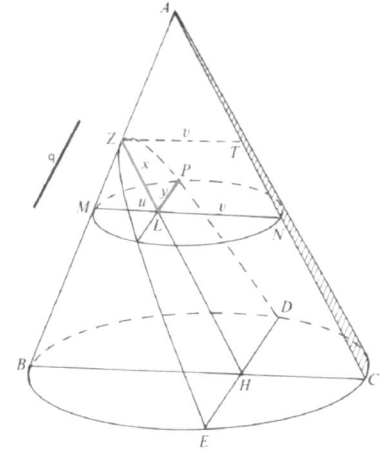

Abb. 2.30. Parabel.

Abbildung 3: Die Parabel als Kegelschnitt-Gericke[4]

Ebenso existiert ein Rechteck mit den Seiten x (x = abgeschnittene Strecke der Parallelen zum Durchmesser) und q (q = konstante Strecke). Es gilt, dass der Flächeninhalt des Quadrats genauso groß ist wie der des Rechtecks.

Also: $y^2 = qx$.

Dabei hat q dieselbe Rolle wie das FZ bei Apollonios. q wird durch folgendes Verhältnis bestimmt:

$$\frac{q}{AZ} = \frac{BC^2}{AC * AB} \Leftrightarrow q = \frac{BC^2 * AZ}{AC * AB}$$

Beweis

Folgende drei Gleichungen gelten:

I $y^2 = uv$ (gilt aufgrund des Höhensatzes; Thaleskreis mit Durchmesser MN und Punkt P auf dem Kreis)

II $\dfrac{u}{x} = \dfrac{BC}{AC}$ (denn ΔMLZ~ΔBCA)

III $\dfrac{v}{AZ} = \dfrac{BC}{AB}$ (denn ΔZTA~ΔBCA)

Aus I, II und III folgt nun:

$$y^2 = \frac{AZ * BC^2}{AC * AB} * x = q * x$$

Denn:

Gleichung II wird nach u umgestellt: $u = \dfrac{BC}{AC} * x$

Gleichung III wird nach v umgestellt: $v = \dfrac{BC}{AB} * AZ$

---

[4] Vgl. Gericke: Mathematik in Antike und Orient, S.133.

Die umgestellten Gleichungen werden in Gleichung I eingesetzt:

$$y^2 = u * v = \frac{BC}{AC} * x * \frac{BC}{AB} * AZ = \frac{AZ*BC^2}{AC*AB} * x = q * x$$

Somit ist die Parabelgleichung $y^2 = q * x$ hergeleitet und gezeigt worden.

2.3. Schulbezug

Im Kernlehrplan der Sekundarstufe I für Gymnasien in NRW wird Mathematik als Struktur bei Aufgaben und Zielen des Mathematikunterrichts erwähnt. Mathematische Gegenstände und Sachverhalte sollen verstandenen und weiterentwickelt werden.[5] Vor allem der Aspekt der Weiterentwicklung kann sich als interessantes Unterrichtsthema darstellen. Die Schülerinnen und Schüler können eigenständig an der Herleitung der Parabelgleichung arbeiten und forschen. Dies lässt sich gut in einer Gruppenarbeit umsetzen, bei der die Schülerinnen und Schüler auch noch gegenseitig etwas voneinander lernen und sich untereinander helfen können. Die Herleitung der Gleichung setzt lediglich schulmathematisches Wissen voraus. Bereits behandelt werden sollten folgende Themen: Höhensatz, Strahlensätze, Rechnen mit Brüchen, Umformen und Erweitern von Brüchen, Umformen von Gleichungen.

In der Sekundarstufe I lässt sich das Thema zu der inhaltsbezogenen Kompetenz Funktionen zuordnen. Zudem werden die prozessbezogenen Kompetenzen Argumentieren und Problemlosen behandelt. Es werden mathematische Informationen gefiltert und strukturiert. Zudem müssen Probleme in eigenen Worten wiedergegeben werden und Vermutungen und Überlegungen angestellt werden. Das Thema eignet sich gut als Exkurs oder Zusatzaufgabe für etwas schnellere Schüler.

---

[5] Vgl. Kernlehrplan NRW Sek.I, S.8.

3. Tangente an der Parabel

3.1. Apollonios

Konstruktion

Geben ist eine Parabel mit dem Durchmesser AB. CD und BH sind parallele Sehnen der Parabel. Zudem gilt, dass die Strecken AE und ED gleichlang sind, d.h. AE=ED (siehe Abb.4). Behauptet wird, dass die Gerade AC über C hinaus außerhalb der Parabel verläuft und somit Tangente an dieser ist. Um das zu beweisen, wird ein Widerspruchsbeweis durchgeführt.

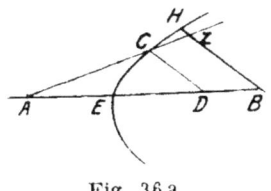

Fig. 36 a.

Abbildung 4: Tangente an der Parabel-Apollonios[6]

Beweis

Es wird angenommen, dass CZ innerhalb der Parabel liegt.

Nun sind folgende Verhältnisse gegeben:

I $\frac{BH^2}{CD^2} > \frac{BZ^2}{CD^2}$ (weil Z innerhalb der Parabel liegt und BZ < BH)

II $\frac{BZ^2}{CD^2} = \frac{BA^2}{AD^2}$ (weil der zweite Strahlensatz gilt und somit auch $\frac{BZ}{CD} = \frac{BA}{AD}$)

III $\frac{BH^2}{CD^2} = \frac{BE}{DE}$ (folgt aus §20)

Zu §20: §20 bildet das Bindeglied zwischen §11 und §33. In diesem Paragraphen wird der Inhalt aus §11 benutzt, um die Behauptung in §33 zu beweisen. Folgende Gleichung wird bewiesen:

$$\frac{DZ^2}{CE^2} = \frac{ZA}{EA}$$

Sei AB Durchmesser der Parabel, CE und DZ Sehnen der Parabel und AH Parameter bzgl. des Durchmessers (siehe Abb.5). Dann gilt nach §11:

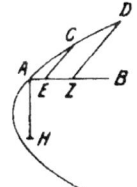

$$DZ^2 = ZA * AH \text{ und } CE^2 = EA * AH$$

Also ergibt sich:

$$\frac{DZ^2}{CE^2} = \frac{ZA * AH}{EA * AH} \Leftrightarrow \frac{DZ^2}{CE^2} = \frac{ZA}{EA}$$

Fig. 20.

Abbildung 5: §20 Apollonios[7]

---

[6] Vgl. Apollonios: Die Kegelschnitte des Apollonios, S.33.
[7] Vgl. Apollonios: Die Kegelschnitte des Apollonios, S.23.

Aus den Verhältnissen I, II und III folgt nun: $\frac{BE}{DE} > \frac{BA^2}{AD^2}$ aufgrund folgender Umformung:

$$\frac{BE}{DE} = \frac{BH^2}{CD^2} > \frac{BZ^2}{CD^2} = \frac{BA^2}{AD^2}$$

Erweitert man den Bruch $\frac{BE}{DE}$ mit $\frac{4*EA}{4*EA}$ erhält man $\frac{4*EA*BE}{4*EA*DE}$

Also gilt: $\frac{4*EA*BE}{4*EA*DE} > \frac{BA^2}{AD^2}$, da $\frac{BE}{DE} > \frac{BA^2}{AD^2}$

Durch Umformung der Ungleichung erhalten wir: $\frac{4*EA*BE}{BA^2} > \frac{4*EA*DE}{AD^2}$

Wir betrachten nun den Zähler des rechten Bruchs. Es gilt:

$$4*EA*DE = 4*\frac{1}{2}*AD*\frac{1}{2}*AD = AD^2 \qquad \text{(weil } EA = AD = \frac{1}{2}*AD)$$

Also folgt: $\frac{4*EA*BE}{BA^2} > \frac{AD^2}{AD^2} \quad\Leftrightarrow\quad \frac{4*EA*BE}{BA^2} > 1$

Damit die Ungleichung erfüllt ist, muss gelten: $4*EA*BE > BA^2$.

$$4*EA*BE > BA^2 \qquad |(BE=BD+DE; BA=BD+DE+EA)$$
$$\Leftrightarrow 4*EA*(BD+DE) > (BD+DE+EA)^2 \qquad |(DE = EA)$$
$$\Leftrightarrow 4*EA*(BD+DE) > (BD+2AE)^2 \qquad |(\text{linke Seite ausmultiplizieren})$$
$$\Leftrightarrow 4*EA*BD + 4AE^2 > (BD+2AE)^2 \qquad |(\text{binomische Formel auflösen})$$
$$\Leftrightarrow 4*EA*BD + 4AE^2 > BD^2 + 4*EA*BD + 4AE^2 \quad \Leftrightarrow 0 > BD^2$$

Somit liegt ein Widerspruch vor, denn ein Quadrat kann niemals kleiner als 0 sein. Die Annahme, CZ liege innerhalb der Parabel, ist somit falsch. Z muss also außerhalb der Parabel liegen. Die Gerade AZ berührt die Parabel im Punkt C und ist deshalb Tangente in diesem Punkt an der Parabel, vorausgesetzt es gilt, dass AE=ED.

3.2. Gericke

Konstruktion

Gericke verwendet eine sehr ähnliche Abbildung wie Apollonios. Abbildung 6 zeigt eine Parabel mit dem Durchmesser ED´. Der Punkt C liegt auf der Parabel und die Strecken EA und ED sind gleichlang. Zudem gelten folgende Bezeichnungen:

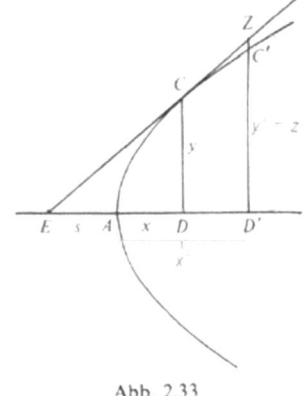

Abb. 2.33

EA=s	AD´=x´
AD=x	D´C´=y´
x=s	D´Z=z.
DC=y	

Abbildung 6: Tangentengleichung bei Gericke[8]

[8] Vgl. Gericke: Mathematik in Antike und Orient, S.135.

Wenn nun EA=AD=x gewählt wird, dann enthält die Gerade EC, wenn sie über C hinaus verlängert wird, keinen inneren Punkt der Parabel. Die Gerade EC berührt lediglich die Parabel in einem Punkt. D.h. die Annahme z<y′ (D´Z<D´C´) führt zu einem Widerspruch.

Beweis

Annahme: z<y′

Es gelten folgende Gleichungen aufgrund von Strahlensatzfiguren:

I $\quad \dfrac{z}{y} = \dfrac{x+x'}{2x} = \dfrac{ED'}{ED}$

II $\quad \dfrac{y'^2}{y^2} = \dfrac{x'}{x}$

Da z<y′ folgt durch Umformung von I und II:

$$\left(\frac{x+x'}{2x}\right)^2 < \frac{y'^2}{y^2} = \frac{x'}{x}$$

Zunächst wird I nach z umgeformt.

$$z = \frac{x+x'}{2x} * y$$

II wird nun nach y′² umgeformt.

$$y'^2 = \frac{x'}{x} * y^2$$

Da z<y′ sein soll, muss auch z²<y′² sein. Also:

$$z^2 < y'^2 \Leftrightarrow \left(\frac{x+x'}{2x}\right)^2 * y^2 = \frac{x'}{x} * y^2$$

Nun lässt sich auf beiden Seiten y² kürzen und es bleibt die oben genannte Ungleichung.

$$\left(\frac{x+x'}{2x}\right)^2 < \frac{x'}{x}$$

Nun wird die Ungleichung weiter umgeformt, um zu zeigen, dass ein Widerspruch aus ihr hervorgeht.

$$\frac{(x+x')^2}{(2x)^2} < \frac{x'}{x} \quad \text{(Multipliziere mit } x^2)$$

$$\Leftrightarrow \quad \frac{(x+x')^2 * x^2}{4x^2} < \frac{x' * x^2}{x}$$

$$\Leftrightarrow \quad \frac{(x+x')^2}{4} < xx'$$

$$\Leftrightarrow \quad \left(\frac{x+x'}{2}\right)^2 < xx'$$

$$\Leftrightarrow \quad \frac{(x+x')^2}{4} < xx' \quad \text{(Erweitere xx′ mit 4)}$$

$$\Leftrightarrow \quad \frac{(x+x')^2}{4} < \frac{4xx'}{4} \quad \text{(Subtrahiere } \tfrac{4xx'}{4})$$

$$\Leftrightarrow \quad \frac{(x+x')^2 - 4xx'}{4} < 0 \quad \text{(Löse die binomische Formel auf)}$$

$$\Leftrightarrow \quad \frac{(x2+2xx'+x'2)-4xx'}{4} < 0 \quad \text{(Zusammenfassen)}$$

$$\Leftrightarrow \quad \frac{(x2-2xx'+x'2)}{4} < 0 \quad \text{(binomische Formel anwenden)}$$

$$\Leftrightarrow \quad \frac{(x-x')^2}{4} < 0$$

$$\Leftrightarrow \quad \left(\frac{x-x'}{2}\right)^2 < 0$$

Also: $\left(\frac{x+x'}{2}\right)^2 < xx' \Leftrightarrow \left(\frac{x-x'}{2}\right)^2 < 0$

Hier folgt nun der Widerspruch, da ein Quadrat nicht kleiner als 0 sein kann. Somit gilt z>y´ (Annahme war: z<y´) und die Gerade EC liegt über C hinaus außerhalb der Parabel. Sie berührt die Parabel im Punkt C und wird somit als Tangente bezeichnet.

3.3. Schulbezug

„Im Mathematikunterricht werden beim Lösen von Aufgaben und im Umgang mit Problemen individuelle Zugänge bzw. kreative Lösungen entwickelt, ausgetauscht und diskutiert. Auch beim Beschreiten von Umwegen oder Irrwegen werden durch Reflexion neue Erkenntnisse gewonnen. Die Wirkung des Mathematikunterrichts entfaltet sich in der individuellen Auseinandersetzung mit fachlichen Strukturen ebenso wie in der wechselseitigen Verständigung und Kooperation."[9]

Als Lehrkraft ist es möglich, den Schülerinnen und Schülern verschiedene Wege und Verfahren zum Lösen einer Aufgabe vorzustellen. Durch ein vielfältiges Angebot an Lösungsmöglichkeiten werden mehr Schülerinnen und Schüler angesprochen und auch motiviert. Beispielhaft lässt sich das gut an den sogenannten Blütenaufgaben erklären. Wie bei den Blütenaufgaben haben auch die verschiedenen Verfahren einen unterschiedlich hohen Schwierigkeitsgrad, wodurch sowohl leistungsstärkere als auch leistungsschwächere Schülerinnen und Schüler angesprochen werden. Die hohe Aufgabenvielfalt bietet der Lehrkraft zusätzlich mehr Kreativität in Bezug auf die Aufgabenauswahl und Unterrichtsvorbereitung.

Zudem liegen den Beweisen bei Apollonios und Gericke lediglich schulmathematische Inhalte zugrunde, sodass sie gut im Unterricht eingebaut werden können. Die Schülerinnen und Schüler sollten zuvor bereits gelernt haben, mit Brüchen zu rechnen, Strahlensätze und binomische Formeln anzuwenden und das Umformen von Gleichungen und Ungleichungen.

Der Beweis bietet sich auch gut, um besonders schnellen Schülerinnen und Schülern eine Extraaufgabe zu geben. Hier können sie selbstständig knobeln und versuchen mit ein paar Tipps auf die Lösung zu kommen.

---

[9] Vgl. Kernlehrplan NRW Sek.I, S.9.

3.4. Vergleich mit modernem Vorgehen

In der Schule leiten wir die Gleichung einer Tangente in einem Punkt über die Ableitung der Funktion f(x) her. In dieser Abbildung wird die Normalparabel dargestellt. Folgende Schritte werden im Matheunterricht zur Herleitung der Tangentengleichung befolgt:

$f(x)=x^2$

Punkt auf der Parabel aussuchen (A(1/1))

Gleichung der Tangenten bestimmen mit der Ableitung (y=2x-1)

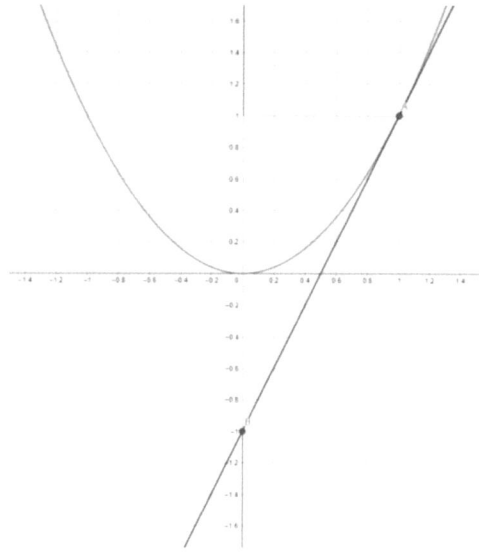

Abbildung 7: Tangentengleichung - modernes Vorgehen[10]

Es ist zu erkennen, dass der y-Achsenabschnitt der Tangente (y=-1) genauso weit vom Ursprung entfernt ist wie die y Koordinate vom Punkt A. Dieses Streckenverhältnis finden wir sowohl bei Apollonios als auch bei Geri wieder, was dem Verhältnis AE=ED entspricht und Voraussetzung dafür war, dass die Gerad durch den Punkt A auch wirklich Tangente an der Parabel in diesem Punkt ist.

---

[10] Vgl. https://www.geogebra.org/calculator (Stand: 20.12.2021)

4. Literatur

- Apollonios: Die Kegelschnitte des Apollonios, übersetzt von Arthur Czwalina, Wiss. Buchgesellschaft Darmstadt 1967
- GeoGebra (https://www.geogebra.org/calculator) (Stand: 07.12.21)
- Gericke, H. (1992): Mathematik in Antike und Orient/Mathematik im Abendland, Fourier
- Herrmann D. (2020) Kegelschnitte. In: Die antike Mathematik. Springer-Spektrum, Berlin, Heidelberg.
- Kernlehrplan für die Sekundarstufe I Gymnasium in Nordrhein-Westfalen (https://www.schulentwicklung.nrw.de/lehrplaene/lehrplan/195/g9_m_klp_3401_2019_06_23.pdf) (Stand: 06.12.2021)

Anhang

Konstruktion Fig.11 (§11 Apollonios)

1. A sei die Spitze des Kegels.
   Der Grundkreis hat den
   Durchmesser BC. Das △ABC
   erzeugt einen axialen Schnitt.

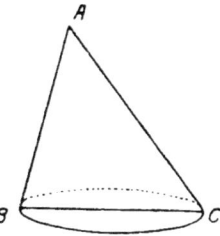

Fig. 11.

2. Die Gerade DE ist so
   konstruiert, dass sie senkrecht
   auf dem Durchmesser BC steht
   (DE⊥BC). Dabei liegen D und
   E, genauso wie B und C, auf
   dem Grundkreis.

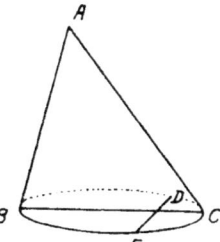

Fig. 11.

3. Die gelb gefärbte Ebene auf
   der Geraden DE schneidet den
   Kegel. EDZE erzeugt somit
   einen Kegelschnitt und ist
   zudem parallel zur Mantellinie
   AC.

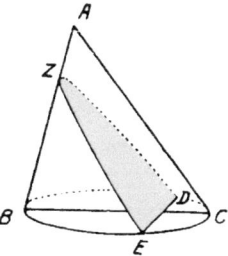

Fig. 11.

4. ZH sei nun der Durchmesser des Kegelschnitts, welcher parallel zur Mantellinie AC verläuft (ZH∥AC).

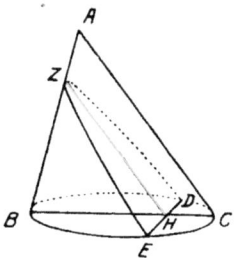

Fig. 11.

5. ZH ist durch folgendes Verhältnis bestimmt:

$$\frac{BC2}{BA * AC} = \frac{ZF}{ZA}$$

Dabei ist FZ ein konstanter Abstand. Durch FZ wird die Parabel ausgesucht. Dabei spielt es keine Rolle, ob das FZ genau im Punkt Z ansetzt. Später wird deutlich, dass das FZ als Parameter fungiert.

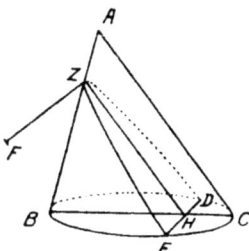

Fig. 11.

6. Nun wird ein beliebiges K auf dem Kegelschnitt gewählt. Die Verbindung zum Durchmesser (KL) muss dabei parallel zur Gerade DE sein (KL∥DE).

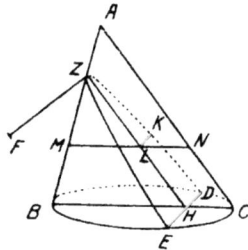

Fig. 11.

7. Nun folgt die Behauptung:

$$KL = FZ*ZL$$

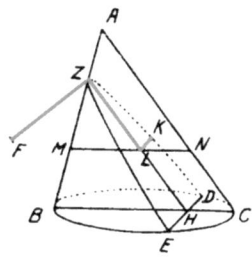

Fig. 11.

Aufgabe 1 (§11 Apollonios)

Wieso gilt folgende Gleichung?

$$KL^2 = LM*LN$$

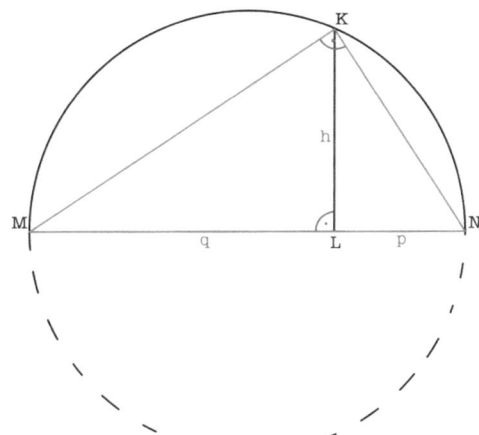

Lösung zu Aufgabe 1

- Thaleskreis über dem Durchmesser MN
- somit gilt der Höhensatz ($h^2 = pq$)
- also: $KL^2 = LM*LN$

Aufgabe 2 (Gleichung der Parabel – Gericke)

Warum gilt folgende Gleichung?

$$y^2 = \frac{AZ*BC^2}{AC*AB}x = qx$$

Lösung zu Aufgabe 2

(2) nach u umstellen

$$u = \frac{BC}{AC}x$$

    (3) nach v umstellen

$$v = \frac{BC}{AB}*AZ$$

(2) und (3) in (1) einsetzen

$$y^2 = uv = \frac{BC}{AC}x * \frac{BC}{AB}AZ = \frac{AZ*BC^2}{AC*AB}x = qx$$

Tipp:

(1) $y^2 = uv$

(2) $\frac{u}{x} = \frac{BC}{AC}$ denn $\Delta MLZ \sim \Delta BCA$

(3) $\frac{v}{AZ} = \frac{BC}{AB}$ denn $\Delta ZTA \sim \Delta BCA$

Aufgabe 3 (§33 Apollonios)

Wieso gilt folgende Gleichung?

$$\frac{BZ^2}{CD^2} = \frac{BA^2}{AD^2}$$

Lösung zu Aufgabe 3

Hier gilt der zweite Strahlensatz:

$$\frac{BZ}{CD} = \frac{BA}{AD}$$

Also gilt auch:

$$\frac{BZ^2}{CD^2} = \frac{BA^2}{AD^2}$$

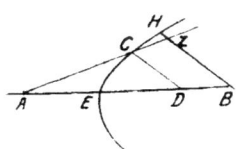

Fig. 36 a.

Aufgabe 4 (§33 Apollonios)

Wieso führt die Ungleichung zu einem Widerspruch? (Forme um!)

$$4 * EA * BE > BA^2 \qquad \text{(Tipp: AE=ED)}$$

Lösung zu Aufgabe 4

$4 * EA * BE > BA^2$

$\Leftrightarrow 4 * EA * (BD+DE) > (BD+DE+EA)^2$ (DE = EA)

$\Leftrightarrow 4 * EA * (BD+DE) > (BD+2AE)^2$ (linke Seite ausmultiplizieren)

$\Leftrightarrow 4 * EA * BD + 4AE^2 > (BD+2AE)^2$ (binomische Formel auflösen)

$\Leftrightarrow 4 * EA * BD + 4AE^2 > BD^2+4 * EA * BD + 4AE^2$

$\Leftrightarrow 0 > BD^2$ Widerspruch

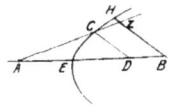

Fig. 36 a.

Aufgabe 5 (Tangente der Parabel – Gericke)

Zeige, dass $(\frac{x+x'}{2})^2 < xx'$ aus der Ungleichung $((\frac{x+x'}{2x})^2 < \frac{y'^2}{y^2} = \frac{x'}{x})$ folgt.

Lösung zu Aufgabe 5

$(\frac{x+x'}{2x})^2 < \frac{x'}{x}$

$\frac{(x+x')^2}{(2x)^2} < \frac{x'}{x}$ \qquad (multipliziere mit x^2)

$\frac{(x+x')^2 * x^2}{4x^2} < \frac{x' * x^2}{x}$

$\frac{(x+x')^2}{4} < xx'$

$(\frac{x+x'}{2})^2 < xx'$